RAPPORT

SUR LA 25ᵉ SESSION

DE LA

SOCIÉTÉ POMOLOGIQUE DE FRANCE

TENUE A ORLÉANS, LE 14 SEPTEMBRE 1881.

M. MICHELIN, Rapporteur.

(Extrait du Journal de la Société nationale d'Horticulture,
3ᵉ série, t. IV, 1882, p. 175-196.)

MESSIEURS,

La session annuelle de la Société pomologique de France devait se tenir, en 1881, à Orléans. Pour la vingt-troisième fois depuis sa fondation, elle se réunissait en congrès. Mon collègue M. Ferdinand Jamin et moi nous étions délégués pour vous y représenter, accompagnés de MM. Bonnel, Lapierre et Lepère, fils.

Cette honorable mission m'a imposé le devoir, que j'ai rempli déjà douze fois, de vous apporter un Rapport détaillé des travaux qui nous ont retenus pendant cinq jours dans le chef-lieu du Loiret Ces détails descriptifs complétant ainsi l'historique des travaux de l'association, répondront, j'ose l'espérer, au désir d'informations précises et techniques des personnes qui suivent avec intérêt les travaux de la Pomologie contemporaine. Comme il avait été annoncé, l'ouverture de la session a eu lieu dans l'après-midi du 14 septembre, sous la présidence de M. le Maire d'Orléans, dans la salle d'honneur, galerie historique du palais municipal. Cet honorable magistrat a souhaité la bienvenue aux délégués des Sociétés étrangères et aux membres de l'association, venus de différents points de la France, tous dévoués à l'amélioration des cultures fruitières et qui se sont trouvés réunis aux membres de la Société d'Horticulture d'Orléans et du Loiret.

M. Maxime de la Rocheterie, l'honorable Président de cette Société, a fait une allocution s'appliquant à la circonstance, et la session a été ouverte par M. Luizet, l'un des Vice-Présidents du Conseil d'Administration siégeant à Lyon, assisté de M. Cusin, Secrétaire-général, de M. Reverchon, Trésorier et de plusieurs autres membres du Conseil.

M. Luizet a présenté les excuses du vénérable Président de la Société, M. Reveil, que son grand âge tient éloigné des réunions nomades.

L'assemblée a témoigné qu'elle partageait, sur l'absence de M. Reveil, les regrets exprimés par M. Luizet, pénétrée de reconnaissance pour le dévouement ancien et constant de son sympathique Président, dont le concours remonte à la fondation de la Société.

Après que des explications eurent été fournies par M. Cusin à l'assemblée, sur la position de l'association, sur les travaux à accomplir pendant la session et sur la marche réglementaire à suivre, M. Luizet a fait procéder à l'élection des membres du bureau de la session qui a donné les résultats suivants :

M. de la Rocheterie, Président d'honneur.

M. Jamin (Ferdinand), Président chargé de diriger les travaux;

MM. JULLIEN-CROSNIER, d'Orléans. \
    DOUMET-ADANSON, de Moulins, \
    LUIZET, de Lyon,   } Vice-Présidents. \
    GLADY, de Bordeaux,

MM. CUSIN, *Secrétaire-général*, \
    MICHELIN, de Paris, \
    DAUVESSE, d'Orléans,   } Secrétaires. \
    DELAIRE, d'Orléans, \
    CHARLES BALTET, de Troyes,

L'assemblée régulièrement constituée s'est rendue dans une des salles de l'Hôtel de Ville qui avait été mise à sa disposition pour ses réunions, auxquelles venait en aide, pour l'étude des fruits, une Exposition spéciale dont j'ai rendu compte dans un premier Rapport, et qui était installée par la Société d'Horticulture, dans un bâtiment contigu. Il a été décidé que les séances auraient lieu dans la matinée et dans l'après-midi et que chacune serait précédée d'une séance spéciale de dégustation faite par une Commission prise au sein de l'Assemblée.

Je dois dire que l'intérêt qu'offraient ces études attirèrent à ces séances pratiques presque tous les membres présents à Orléans. M. Luizet fut nommé Président de cette Commission et j'eus l'honneur d'en être le Secrétaire-Rapporteur.

Les fruits qui avaient été maintenus à l'étude dans la 22me session tenue à Moulins, en 1880, sont appelés successivement et dans l'ordre alphabétique d'espèces et de variétés ; chacun est l'objet d'une décision qui sera indiquée dans le Compte rendu qui va suivre.

ABRICOTS.

L'Abricot *Chancelier* présenté par M. Luizet est un fruit mûrissant à la fin de juillet, dont la chair a été jugée déjà excellente ; il réunirait la maturité tardive à la qualité. L'arbre du présentateur n'a pas fructifié cette année et il n'a pu en apporter des fruits à la Commission permanente de Lyon ; il est maintenu à l'étude.

CERISES.

Le *Bigarreau de Trie* (Bigarreau à Aiguillon) qui a été recommandé, en 1880, par M. de Bazillac, Vice-Président du tribunal civil de Bagnères-de-Bigorre, est adopté.

Il est très beau, fortement coloré d'un rouge noir ; sa peau ferme et jaune sur une partie, le rend propre à l'exportation. La chair est croquante, sucrée, juteuse, parfumée, bonne ; le noyau est petit et arrondi ; ce qui le caractérise, c'est un acumen pistillaire, sorte d'épine raide, longue d'un millimètre et plus, qui sort en saillie du fruit.

Il est originaire de Trie près de Bagnères-de-Bigorre et est très répandu dans les Pyrénées.

Eugène Fürth. Gros fruit précoce, de couleur foncée, sur lequel il y a de bons renseignements, mais qui n'a pas été suffisamment étudié ; il est encore maintenu à l'étude.

Guigne blanche Winkler. Beau fruit à chair blanche, séduisant par sa forme, sa couleur et sa grosseur, et plus encore par sa bonne qualité, rappelant la Reine Hortense, mais délicat pour le transport.

N'étant pas assez éprouvé, il est maintenu à l'étude.

Guigne de Zeisberg, mûrissant au milieu de juin ; chair assez ferme et bonne ; maintenue à l'étude.

FIGUES

Figue Dauphine. Cette Figue à chair violette, présentée par la Société de Paris, avec la variété *blanche*, fait l'objet d'une culture des plus importantes, à Argenteuil (Seine-et-Oise). On la voit en grande abondance sur les marchés de Paris. Elle est bonne et produit un fruit gros, conique, très large à sa base. Soumise l'hiver au couchage sous terre et à des soins de taille particuliers, elle donne des récoltes abondantes, sous un climat peu favorable à la Figue. A titre de fruit propre à une contrée, elle est adoptée. Si par hasard elle est originaire du Midi, on n'a jamais constaté qu'elle y eût des analogues et on peut la considérer comme locale.

FRAMBOISES.

La variété *Fillbasket*, non bifère, est maintenue à l'étude.

La variété *Surpasse-merveille*, bifère, est également maintenue. Elle est à fruit jaune et citée comme ayant du mérite, à Paris, par M. Jamin, à Orléans, à Beauvais, à Metz. M. Simon-Louis, de Metz, classe ces deux Framboises comme méritant d'être adoptées ; on peut donc les recommander à l'étude.

GROSEILLES A GRAPPES.

Belle de Fontenay. Grosse rouge.
Blanche transparente. Grosse et blanche.
Grosse rouge de Boulogne. Très grosse rouge.
Ces trois variétés n'étant pas suffisamment connues et étudiées sont maintenues à l'étude.

La Groseille à grappes *Hâtive de Bertin* est adoptée. On la dit grosse, à grains rouges très foncés, bonne, et, sur la proposition de M. Treyve, elle est adoptée.

La variété *Prince Albert* est maintenue sur le tableau ; elle est fertile, à grains rouges, assez gros.

La variété *Victoria*, à maturité très tardive, très fertile, à longues grappes d'un rouge clair, est adoptée. Selon M. Jamin, elle devrait porter le nom de May's Victoria.

GROSEILLES A MAQUEREAUX.

Sont maintenues à l'étude les trois variétés *Duck Wing* (1), *Freedom* (2), *Golden Gourd* (3), recommandées par M. Simon-Louis, de Metz, comme de bonne qualité.

PÊCHES DUVETEUSES.

Amsden. Pêche originaire d'Amérique, récemment importée par MM. Transon, frères, d'Orléans, mûrissant fin juin et avant les Early de Rivers. Elle est la plus hâtive qui soit connue en France.

Son volume est moyen ; elle est colorée et a été mise à l'étude en 1880, aussitôt qu'elle a été un peu connue.

Les fruits en sont moyens, arrondis, déprimés, bien duveteux, fortement frappés de pourpre foncé, du côté du soleil, ayant d'un côté un sillon bien marqué. La chair est d'un blanc verdâtre et vert tendre autour du noyau, fine, fondante, juteuse, parfumée ; c'est un fruit bon et que sa précocité marquée fera bientôt répandre dans les jardins.

L'arbre est noté comme vigoureux et rustique. On décide son adoption.

Baltet. Pêche tardive, manquant de notoriété et dont la valeur n'a pas été frappante ; à étudier encore.

Daun. Fruit d'une bonne moyenne grosseur, coloré de simples marbrures rouges ; d'une chair fine, juteuse, agréablement relevée, bonne ; à étudier encore. Très prisée par MM. Simon-Louis,

---

(1) A gros fruits jaunes.
(2) A fruits verts assez gros.
(3) A fruits assez gros, jaunes et bons.

cette Pêche est maintenue. Elle a été présentée par M. de la Bastie.

Lady Palmerston. Très tardive, à chair jaune, appréciée comme bonne; maintenue.

Précoce de Saint-Assiscle. Maturité mi-juillet; n'est pas assez connue; bonne. Rouge sang sur le côté frappé et s'atténuant en marbrures rouges; chair d'un blanc jaunissant et légèrement tachée de rouge autour du noyau, assez fine, très vineuse; bonne. Elle est maintenue, tout en méritant d'appeler l'attention.

Précoce Tillotson. Maturité mi-août; de grosseur moyenne; arrondie, presque uniformément colorée de rouge; chair jugée bien fondante, juteuse, relevée, de 1re qualité; mérite également d'être signalée, tout en étant maintenue à l'étude comme n'étant pas assez connue.

Princesse de Galles. Manque de notoriété et d'appréciations sur sa valeur qui est diversement jugée ; maintenue à l'étude.

Pêches lisses, Nectarines.

Albert de Rivers. Encore maintenue cette année, bien qu'elle l'ait déjà été avec recommandation. Elle a été décrite comme grosse et à chair excellente.

Bowden. Maturité fin d'août. Beau fruit à éprouver encore; maintenu.

POIRES.

Alexandre Delaherche. Un des nombreux semis de M. Sannier, de Rouen, mûrissant en octobre et qui a la réputation d'être un très bon fruit ; maintenu.

Antoine Delfosse (Grégoire). Maturité en novembre; indiquée comme très bonne par M. Baltet; maintenue avec recommandation.

Baltet père. Grosse Poire mûrissant de novembre à décembre et sur laquelle on ne peut que répéter ce qui a été dit l'année dernière, que sa qualité est variable et ne paraît pas assez fixée pour justifier son adoption; maintenue à l'étude.

Bergamotte Grolier. Poire précoce mise à l'étude sur la recommandation de M. Besson; elle n'a pu se faire connaître; on doit la maintenir.

Bergamotte Hertrich. Elle a été mise à l'étude sur la proposition de la Commission permanente des études qui l'avait dégustée à la date du 13 mars et l'avait jugée très bonne. Elle manque un peu de volume, n'est que moyenne, mais MM. Baltet et M. Delaville, de Beauvais, d'accord avec la Société de Lyon, la citent comme l'une des meilleures Poires d'hiver ; sur ces bons renseignements elle est adoptée.

Beurré de Mortillet (Fougère). Mise à l'étude seulement l'année dernière, sur la proposition de notre Société parisienne, elle demande à être étudiée et répandue. En attendant, je puis la citer comme une Poire d'été belle et excellente, marchant de front avec la William, l'Assomption, un gain remarquable parmi les nouveaux. Maintenue avec recommandation.

Beurré Dubuisson. Fruit de fin novembre, dont la mise à l'étude ne remonte qu'à un an. A étudier encore. Très estimé en Belgique ; cité comme excellent par MM. Delaville, de Beauvais, et Dauvesse, d'Orléans.

Beurré Gambier (Gambier). Fruit tardif, mûrissant en février et de grosseur moyenne, mis à l'étude sur la demande de la Commission permanente ; considéré comme bon à Beauvais ; néanmoins ne se fait pas connaître ; encore maintenu à l'étude, bien qu'il y soit depuis six ans.

Beurré Rouge (Grégoire). Maturité en octobre et novembre ; grosseur moyenne ; chair, dit-on, manquant de finesse et sur lequel des appréciations diverses ne permettent pas qu'on soit fixé ; dans le nombre M. Baltet le regarde comme de bonne qualité ; maintenu.

Beurré Saint-Amand. Rayé comme n'étant appuyé par aucun renseignement.

Choisnard. C'est un fruit indiqué comme très gros et bon, tandis que d'autres le qualifient de fruit à compotes et que la Commission des études ne le dit que passable ; il est rayé de la liste.

Comte de Chambord (E. des Nouhes). Fruit de la fin de septembre, très bon, très fertile, ne blettissant pas ; maintenu à l'étude sur la recommandation de notre Société de Paris.

Congrès de Gand (Daras de Naghin). Grosseur moyenne ; maturité fin de septembre. Manque de notoriété et mûrissant à une époque riche en fruits ; rayé.

Docteur Jules Guyot (Baltet). Maturité en août; gros fruit d'une chair bonne et très favorablement jugée dans une dégustation récente, au sein de notre Société. Après six années d'épreuve il est adopté.

Edouard Collette (Collette). Très bonne à Rouen ; maturité en octobre; a besoin d'être plus connue ; maintenue.

Giram. Poire de grosseur moyenne, du commencement d'août, dégustée le 7 dudit mois Recommandée par M. de Bazillac, ayant l'aspect du Saint-Michel-Archange et qu'on dit méritante, très fine, tendre, juteuse, parfumée, ne blettissant pas ; maintenue avec recommandation.

Henri de Bourbon (de Boussineau). Grosse Poire d'hiver, maintenue avec de bonnes notes en attendant de nouvelles épreuves. Il est à remarquer que sa maturité arrive parfois avant l'hiver, bien qu'elle soit généralement tardive.

Marguerite Marillat. Semis de M. Marillat, de Villeurbanne. Grosse Poire conique, mûrissant à la fin d'août; couleur jaune paille piqueté de fauve, prenant une teinte rosat du côté du soleil ; chair fondante et bien sucrée, d'un parfum délicat; malgré la brièveté de son stage qui n'a été que d'une année, elle est adoptée dès à présent.

Passe-Colmar Delanos (Collette). Maturité en octobre; beau coloris, grosseur moyenne, bonne qualité; à étudier encore.

Président Drouard (Olivier). Assez bon volume, bonne apparence et bonne qualité: a été présentée d'abord à Paris, à la fin de l'hiver ; son époque de maturité n'est pas constante et s'est avancée depuis ; à éprouver encore ; maintenue.

Professeur Willermoz (Joanon). Dégustations favorables les 14 et 28 août: chair fine, juteuse, sucrée, fondante, d'un parfum relevé. Dégustée de première qualité en 1881 ; maintenue.

Sannier père (Sannier). Maintenue avec recommandation; octobre.

Sucrée Troyenne (Baltet). Fin de septembre ; qualifiée bonne; maintenue.

Varenne de Fenille (hiver). Présentée par la Commission des études ; à étudier ; maintenue.

Vice-Président Decuye (Sannier). Maturité en octobre. Selon

M. Delaville, c'est un excellent fruit ; avec cette bonne note, maintenue.

POMMES.

Belle d'Angers. Gros fruit d'hiver ayant une bonne renommée sous le rapport de la qualité ; maintenu.

Belle de Boskoop. Maturité en décembre ; maintenue à l'étude avec bonne recommandation.

Biel Grahenoy. Maturité en août ; gros fruit originaire de Russie et à chair tendre, qui n'a pas répondu à l'attente, sous le rapport de la qualité ; rayé.

Bonne Virginie. Maturité en hiver ; manque de renseignements ; maintenue.

Calville de Maussion. Fruit d'hiver, à chair fine, parfumée, excellente et propre au verger pour la haute tige ; recommandé par M. Delaville et par M. Baltet pour cet usage ; maintenu.

Non pareille Blanche (hiver). Depuis sept années d'inscription n'a pu répondre aux conditions voulues ; rayée.

Pearmain rouge d'hiver. Fruit décrit par M. Simon-Louis et M. Mas, comme moyen, à chair richement sucrée et de première qualité, mûrissant en hiver. Arbre rustique et fertile ; maintenu à l'étude.

Reinette-Lamberet (Lamberet). Maturité en novembre. Les renseignements manquent ; maintenue.

Reinette musquée. Recommandée par MM. Besson et Simon-Louis comme fruit d'hiver ; maintenue.

Saint-Germain. Fruit hâtif de la fin de juillet. Pomme belle, grosse, arrondie, paraissant aussi large que haute ; de couleur jaune paille, légèrement granitée et marbrée de rosat du côté du soleil. Chair blanche, tendre, spongieuse, juteuse, sucrée, acidulée, finement aromatisée ; maintenue.

PRUNES.

Englebert. Prune mûrissant au milieu du mois d'août. Fruit gros, de forme ellipsoïde régulière, d'un pourpre noir recouvert d'une abondante pruine bleuâtre ; à chair jaune, fine, presque fondante, sucrée, acidulée, parfumée ; de première qualité pour la table.. Arbre rustique, vigoureux dans sa jeunesse, précoce au rapport et très fertile ; — fleurs petites et d'un blanc jaunâtre. Cette Prune, appréciée par la Commission des études, sur la présentation de fruits par M. Luizet et les renseignements de M. Simon-Louis, est adoptée.

Jaune tardive. Fruit jaune, petit, mûrissant fin de septembre, d'assez bonne qualité, mais localisé dans l'Aube ; ne se répand pas ; rayé du tableau.

Mas (Baumann). Prune dédiée par M. Baumann au savant pomologiste M. Mas ; sorte de Reine-Claude violette, mûrissant au commencement d'août, juteuse, sucrée, très agréable ; adoptée.

Reine-Claude d'Althan. Très beau fruit originaire de Hongrie, arrondi, de bonne grosseur, à peau dure, d'un rouge terne, laissant à peine transparaître le fond jaune, rappelant la Reine-Claude verte par la saveur ; chair sucrée, parfumée ; production abondante ; fruit dont la maturité s'échelonne pendant un mois, en commençant avec le mois d'août. Recommandée par MM. Luizet, de la Bastie, Simon-Louis ; adoptée.

Reine-Claude d'Écully (Luizet). Mûrissant en août et jusqu'à la fin dudit mois, ayant la couleur et les qualités de la Reine-Claude, mais plus de volume. La chair est fine, bien sucrée, un peu moins néanmoins que celle de la Reine-Claude. L'arbre est à branches érigées, a un beau port et est bien fertile ; il est le produit d'un semis de M. Luizet ; adoptée.

RAISINS.

Black Prince. Ce Raisin ne paraît pas à l'assemblée présenter assez d'avantages pour obtenir ultérieurement son admission ; il est rayé.

Bu hetet (Besson). Un des nombreux et bons Raisins obtenus au moyen des semis de M. Besson ; il est à grains jaunes, ovoïdes ; à grappes très lâches ; sa peau est ferme ; sa pulpe est juteuse et non croquante. On semble craindre qu'il ne manque un peu de sucre et, en tout cas, il est à étudier encore ; sa maturité arrive à la fin de septembre.

Chasselas Besson (Besson), du même obtenteur ; plus hâtif que le Fontainebleau ; maintenu.

Clairette Mazel (Besson). Autre gain du même semeur ; maturité fin de septembre. Raisin blanc, transparent, un peu ambré, à grains un peu ovoïdes, à peau ferme, à pulpe un peu croquante, juteuse. Ce Raisin, observé depuis plusieurs années, a mérité, après dégustation, les suffrages de l'assemblée ; adopté.

Duc de Malakoff. Maturité fin de septembre ; demande à être encore étudié et répandu ; maintenu.

Hardy (Besson). Raisin noir, apprécié par la Commission des études, à gros grains ovoïdes, très serrés, à pulpe juteuse, dont la qualité a déjà été appréciée et est confirmée par la dégustation qui a lieu séance tenante ; adopté.

Michelin (Besson). Chasselas hâtif, à grappes ailées, à grains ronds, moyens ou petits, peu serrés, de couleur jaune doré et transparents, à pulpe juteuse, très sucrée, un peu ferme, ayant une saveur légèrement musquée, très agréable. Il a besoin d'être encore étudié ; maintenu.

Muscat Talabot (Besson). L'un des Raisins les plus précoces obtenus par les semis de M. Besson, mûrissant, dans le Midi, le 15 août, avant le Malingre. Les grains sont d'un jaune ambré, ovoïdes ; la pulpe bien juteuse est fondante, sucrée et agréablement *musquée*, qualificatif qui lui convient mieux que celui de *Muscat*. Cet excellent Raisin ayant suffisamment fait ses preuves est *adopté*, mais sous la condition qu'il portera le nom de *Musqué Talabot*.

Ici se termine l'examen et le classement des fruits qui, sur le programme de la session, étaient mis à l'étude.

La Commission de dégustation, dont il a été parlé plus haut et dont j'ai eu l'honneur d'être le Secrétaire, a tenu ses séances le matin et dans l'après-midi, avant celles du Congrès auquel elle a communiqué les résultats de ses opérations. J'en transcris ci-après l'énoncé, pensant qu'il peut être utile aux personnes qui suivent avec intérêt les études de la Pomologie.

Je dois faire remarquer que, dans cette seconde partie, il sera question de certains fruits compris dans la nomenclature qui précède et qui exprime les décisions du Congrès, mais qu'ici il ne sera fait mention que des appréciations fondées sur la dégustation.

Pêches.

Sea Eagle (Aigle de mer). Gain de M. Rivers ; fruit présenté par M. Vigneron. Belle Pêche bien colorée, à chair bien juteuse, bien fondante, sucrée, acidulée, de bon goût ; très bon et beau fruit dont le noyau est très petit. On demandera la mise à l'étude.

Présentation de M. le Président de la Rochelerie :

Deux Pêches dites *de Vigne*, cultivées à haute tige dans le pays et se reproduisant à peu près de noyaux. La première assez grosse, à chair blanche, bien juteuse, acidulée ; bon fruit de marché. La seconde, la plus petite, à chair jaune, très juteuse, mais acidulée et amère ; inférieure à la précédente.

Princess of Wales (Princesse de Galles). Assez grosse, sillonnée d'un côté, mamelonnée ; la peau se détachant bien et se colorant peu ; susceptible de prendre un très fort volume.Chair très fine, se détachant bien du noyau, ruisselante d'eau, fondante, mais, un peu après, manquant de sucre ; à revoir : on ne peut que la maintenir à l'étude.

Belle conquête. Présentée par MM. Luizet et de la Bastie ; de grosseur moyenne, assez colorée ; chair verdâtre, juteuse, acidulée ; à revoir.

Pêche Michelin. M. Luizet, obtenteur. Assez grosse, ronde, un peu aplatie, sillon assez marqué d'un côté ; pédoncule profondément enfoncé ; non mamelonnée, bien colorée, la peau se détachant bien. Chair blanche, jaunâtre, très juteuse, fondante, se séparant bien du noyau, bien sucrée, modérément et agréablement acidulée. Bonne.

La Commission de dégustation en proposera la mise à l'étude.

Prince de Galles (Prince of Wales). Moyenne ou grosse, ronde, peu sillonnée, fond verdâtre, se colorant d'un pourpre foncé. Chair verdâtre, juteuse, acidulée ; exemplaire manquant de maturité. Fruit d'ailleurs connu et qu'on proposera de mettre à l'étude. Il a été présenté par M. Luizet.

Clémence Isaure. Pêche présentée par M. de la Rochelerie. Très gros spécimen ; fond jaune, en partie coloré d'un rouge foncé. Chair jaune, assez fine, très fondante, très juteuse. Bonne.

Fruit à maturité tardive, très convenable pour le plein vent et, selon M. Glady, s'accommodant aussi fort bien de l'espalier. On en demandera la mise à l'étude.

Pourprée Tardive. Pêche déjà admise, mais dont M. Luizet présente un exemplaire pour la faire connaître : il est très gros et bien coloré sur un fond verdâtre. La chair est blanc-verdâtre, juteuse, sucrée, acidulée, bonne. Il est à noter qu'il y a confusion entre la Pourprée tardive de Paris et celle de Lyon. La première a les feuilles gaufrées, n'est que de 2ᵉ qualité et ne serait pas admissible. Il y a sous ce rapport une étude à faire. Pour éviter toute confusion, le Commission demande que, dans la Pomologie de la Société, on ajoute à l'avenir : de Lyon, aux mots Pourpré tardive. — Elle s'appellerait *Pourprée Tardive de Lyon.*

Pêche Alexis Lepère. Semis datant d'une quinzaine d'années, dédié par M. Alexis Lepère, fils, à son père, célèbre arboriculteur. Grosse, bien colorée ; peau fine, peu duveteuse. Chair se détachant facilement du noyau, blanche verdâtre, fine, très juteuse, très fondante, sucrée, agréablement acidulée, très bonne. — On en proposera la mise à l'étude avec recommandation.

M. Bernède, de Bordeaux, présente une Pêche portant le nom de *Jaune de Barsac*, très cultivée en plein vent et à haute tige à Barsac (Gironde), où on la voit très fertile, propre à la grande culture. La chair est jaune-abricoté, fine, bien juteuse, fondante, sucrée. Bonne.

Le renvoi à la Commission permanente de Lyon est décidé.

Pêcher nain Aubinel. Fruit petit ou moyen, venu sur un arbre nain dans le Midi. Peau colorée, en partie jaunâtre et en partie rouge. Chair jaune foncé abricoté, très juteuse, sucrée, assez fondante, agréablement acidulée. Bonne. Ce petit arbre se plante en bordure et atteint 60 ou 80 centimètres de haut. Il a été obtenu par M. Aubinel, de Grenade (Haute-Garonne). M. Luizet pense que cette variété, d'un caractère tout exceptionnel, pourrait être avantageuse pour la culture en pots : il propose que la mise à l'étude en soit demandée ; sa proposition est adoptée.

PÊCHES LISSES OU NECTARINES.

Nectarine Victoria, apportée par M. Luizet. Moyenne ou assez grosse, ronde, un peu élevée, verdâtre d'un côté, colorée en rouge foncé de l'autre , sillonnée d'un côté.

Chair blanche, verdâtre, juteuse particulièrement fondante, sucrée, bonne. MM. Jamin et Lepère, fils, signalent cette variété comme excellente, prenant beaucoup de volume, et M. Delaville, la cultivant à Beauvais, s'associe à ce jugement. C'est un gain de M. Rivers, dont la dégustation présente justifie l'adoption qui a déjà eu lieu.

Nectarine Jaune magnifique de Padoue. Présentée par M. Reverchon Fruit déjà adopté, mais dont l'admission est justifiée par la présente dégustation qui est très favorable.

PAVIES.

Pavie Auguste Fau jeune, pépiniériste à Bordeaux, présentée par M. Bernède. Gain remontant à 8 années environ. Très gros, à fond jaune, presque entièrement recouvert d'un pourpre brun des plus foncés qu'on rencontre.

Chair jaune, très juteuse, ferme, sucrée, bonne.

Fruit d'une beauté remarquable et à recommander surtout sous le rapport de son aspect ; renvoyé à la Commission permanente des études.

PRUNES.

Englebert. Prune violette, empreinte d'une fleur bleue bien prononcée, dont on dit l'arbre vigoureux et fertile.

Fruit moyen, très fin, très bon pour la table et surtout pour pruneaux ; chair jaune foncé, fondante, juteuse, sucrée, bonne ; bien connue et très recommandée par M. Luizet qui la présente et MM. Dauvesse, Bruand, Guillot.

On demandera son adoption.

Reine-Claude de Schwiller. Grosse moyenne, jaune, oblongue ; pédoncule fin, assez long ; chair jaune, sucrée, juteuse, se détachant bien du noyau ; manquant de valeur commerciale par son faible volume, mais bonne. C'est un fruit de grande production, dont l'arbre est très fertile, une Prune des plus tardives, jugée excellente par la Commission des études. Il paraît à propos d'en proposer la mise à l'étude.

Une *Prune violette, semis de Reine-Claude,* apportée par

M. Varenne et qui a été obtenue par M. Gauthier, de Rouen. Elle a la chair verdâtre, juteuse, acide, peu sucrée et n'est pas recommandable.

POIRES.

Poires envoyées par M. Sannier (Arsène), de Rouen, obtenues par ses semis.

Poire *Beurré Amandé*. Fruit moyen, jaune-paille, piriforme, très mince à la pointe. Un mamelon au pédoncule qui est très long et très gros ; peau très fine. Chair mi-fine, fondante, sucrée, bien juteuse, avec goût amandé, répondant à sa dénomination ; fruit d'un goût très délicat et agréable, dont la Société de Rouen fait grand cas et dont la mise à l'étude sera proposée avec recommandation.

Trésorier Lesacher, n° 402. Assez grosse, un peu ovoïde, fond jaune verdâtre, recouvert de macules rousses. Pédoncule long ; œil grand, ouvert et à fleur du fruit.

Chair mi-fine, bien juteuse, parfumée, sucrée, tendre, bonne.

Il y aura lieu de la mettre à l'étude.

Alexandre Delaherche. Poire s'annonçant comme parfumée et bonne. Un exemplaire est renvoyé à la Commission des études de Lyon.

Madame Antoine Lormier. Moyenne, conique, jaune, bien régulière ; œil grand à fleur ; chair mi-fine, mi-fondante, bien juteuse, agréable au goût. Bonne.

Louise-Bonne Sannier. Déjà décrite et avantageusement connue ; maturité au 15 octobre ; à mettre à l'étude.

Professeur Delaville. Poire non mûre.

Léger d'Ons-en-Bray.

Vice-Président Decaye (n° 341).

Vice-Président d'Elbée (n° 330).

Docteur Bourgeois.

Président Delacour.

Professeur Beaucantin.

Ces sept Poires des semis de M. Sannier, n'étant pas à maturité, sont renvoyées à la Commission permanente de Lyon.

*Fruits envoyés par M. Boisbunel, de Rouen, présentés
par M. Varenne, son compatriote.*

POIRES.

Mignonne d'été. Semis nº 1. Un exemplaire non mûr, renvoyé à la Commission des études de Lyon. Un autre mûr, jaune pointillé ; chair blanche, excessivement fine, juteuse, acidulée, un peu fade néanmoins ; pas de cœur, absence de pépins sur deux exemplaires ; à revoir.

Semis nº 2, inédit. Moyenne, ovoïde, fond jaune, maculé de roux. Pédoncule moyen. Chair blanc jaunâtre, mi-fine, un peu beurrée, fondante, juteuse, acidulée, sucrée, d'un arome agréable. Très bon fruit dont la qualité répond à la bonne apparence. En la recommandant, la Commission propose de la renvoyer à la Commission des études.

Président Herbelin. Fruit obtenu à Nantes.

Louis Noisette. Poire ancienne.

Beurré Dilly. Moyenne, conique ; chair grosse. Ces trois dernières Poires, n'étant pas mûres, sont renvoyées à la Commission des études.

M. Louvot-Dupuis, de Chauny, présente trois exemplaires d'une Poire *de ses semis* indiquée comme d'une bonne qualité et d'un arbre productif. Renvoi à Lyon.

En outre, un exemplaire de la Poire *Beurré Gambier*, mûrissant en février et qu'il importe de juger définitivement, attendu qu'elle est à l'étude depuis l'année 1875, sans qu'il y ait eu de décision sur son compte.

Un exemplaire du *Beurré Dubuisson.* Maturité de décembre à février ; à renvoyer pour l'étude.

Un exemplaire du *Doyenné Flon aîné.* A renvoyer avec les précédentes, sa maturité étant de décembre.

Enfin, une Poire du *Beurré rouge* de Grégoire, qui doit suivre le même sort.

M. de la Rocheterie met sous les yeux de l'assemblée deux Poires *Beurré de Noyhin* (Darras) ; non mûres ; renvoi à Lyon.

Plus, trois Poires *Beurré Bardon*, fruit belge, non mûr, vulgairement *Saint-Omer*, spécialité de plein vent ; même renvoi.

Le même apporte la *Poire Saint-André*, de grosseur moyenne, de forme à peu près du Bon-Chrétien Napoléon ; uniformémen verdâtre ; chair blanche, demi-fine, tendre, même fondante. juteuse, sucrée, agréablement acidulée. Bon fruit. C'est un fruit cultivé d'ancienne date, néanmoins peu répandu, et qu'André Leroy annonce comme d'origine inconnue, en citant la qualité comme bonne (T. II, p. 613). Ce fruit est renvoyé à la Commission des études.

M. Louvot-Dupuis déclare connaître cette variété comme cultivée abondamment dans le Nord sous le nom de *Grosse Louise*.

D'après André Leroy, la Grosse Louise décrite comme Poire du Nord a un caractère tout différent de la *Saint-André* M. Louvot-Dupuis, en effet, ne reconnaît pas, à la page 254, celle qu'il dénomme *Grosse Louise* et dont il enverra des fruits.

De M. de Rancourt, *Poire l'anguille*, fruit local de marché, cueilli sur de très vieux arbres.

Poire Chambellan. Maturité de décembre à mars ; très fertile, la meilleure dans le pays de cette sorte de fruits.

Poire Rayu. Même culture, même objet.

Poire Verte. Même sorte de fruit local.

Ces fruits, n'étant pas mûrs, sont renvoyés à la Commission permanente de Lyon.

La *Poire Murillat*, envoyée par M. de la Bastie, est grosse, conique, jaunâtre, tachetée de roux fauve. La chair est demi-fine, bien juteuse, acidulée, relevée, légèrement musquée, sucrée, à maturité à la fin d'août. C'est un beau et bon fruit, produit par un arbre vigoureux et à beau port, et qu'il serait à propos d'adopter.

POMMES.

Pomme Hover, apportée par M. de la Rocheterie. Rouge, pointillée de blanc. Renvoyée à la Commission de Lyon ; non mûre.

Blanche de Bournoy. Pomme verte, de même origine ; même renvoi. Ces deux fruits venant d'Angers paraissent fertiles.

Parfumée de Semur. Pomme envoyée par M. Liabaud ; fruit moyen, blanc jaunâtre, à peine coloré, très parfumé à l'odorat, semis de 1855, d'un pépin de Calville rouge, par M. Victor Ducray, jardinier à Semur (Saône-et-Loire). Chair blanche, sèche, acidulée, sucrée, parfumée, passable pour la saison précoce : à représenter à la Commission des études, à Lyon.

Envoi de M. Boishunel, présenté par M. Varenne.

Pomme nᵒ 1, *Biel Grahenoy*, déjà à l'étude. Chair blanche, jaunâtre, tendre, peu juteuse, très acide ; est sans doute dégustée étant trop mûre, et dans cet état, mauvaise. M. Varenne la dit mauvaise à Rouen. On proposera la radiation.

Pomme nᵒ 2, *Fraise d'été.* Très jolie petite Pomme bien colorée de carmin, à chair cotonneuse, âpre, mauvaise.

Pomme nᵒ 3, *Rouennaise hâtive* (semis). Moyenne, cylindrique, peau jaune, rayée et striée de rouge carmin ; chair blanche, laiteuse, légèrement rosée sous la peau, fine, sèche, peu juteuse, acidulée, légèrement vineuse, peu sucrée; très joli fruit, mais de 2ᵉ qualité (André Leroy, page 778, tome II).

Renvoi à la Commission des études.

Pomme nᵒ 4, *Bull Golden pippin.* Moyenne, de forme irrégulière, bosselée. Peau uniformément jaune doré ; chair un peu ferme, assez juteuse, fortement acidulée, manquant de sucre, en somme, assez bonne. Renvoi à la Commission, avec celles qui sont marquées du nᵒ 5 au nᵒ 16.

Sont renvoyées à la même Commission des études, pour être examinées à maturité, les Pommes suivantes, envoyées par M. de la Bastie :

Belle de Boskoop, Reinette musquée, Rossignol, Lord Burgley, Warner's King.

Warner's King. Grosse, large, très aplatie et plate à la base; beau jaune verdoyant, une faible partie jaune vif au soleil ; œil assez grand, presque fermé, presque à fleur ; pédicelle court, au fond d'une cavité peu profonde, très évasée.

Lord Burgley. Grosse, arrondie, conique, côtelée sur un pôle. Beau jaune-paille uniforme ; œil petit, fermé ; pédicelle moyen, renflé, charnu au point d'attache dans une cavité très élargie, peu profonde.

Rossignol. Très grosse, déprimée; œil grand, presque fermé, dans une cavité profonde, régulière ; pédicelle gros, très court, dans une cavité peu profonde, très évasée.

RAISINS.

Docteur Hogg. Raisin blanc, à grappes non ailées, à grains ronds, verts, musqués ; variété très tardive ; non encore mûr quoique venu en serre tempérée ; ne paraît pas recommandable pour le plein air. A revoir.

Golden Hamburg (Hambourg doré). Raisin blanc, à grappes lâches, ailées ; gros grains verts, un peu dorés, oblongs, sucrés, juteux. Très bon ; s'accommodant du plein air avec une exposition chaude, dans les climats du centre. Mérite d'être mis à l'étude.

Duc de Malakoff (Moreau-Robert, d'Angers). Blanc, à grappes non ailées, à grains gros et ronds, juteux, assez tendres, assez sucrés ; ne paraissant pas à maturité. C'est un bon Chasselas à gros grains, qu'il paraît à propos de maintenir à l'étude.

Black Prince. Gros grains noirs, ronds, juteux, acides, très tardifs ; grappes ailées. Qualité insuffisante sur des exemplaires de Paris et même de Marseille ; serait à supprimer.

Muscat bifère, apporté par M. Glady, de Bordeaux. Raisin Muscat de la série des Chasselas bifères (de la collection du comte Odart). Grappe moyenne ou forte, allongée, ailée, à grains ronds, moyens, d'un beau jaune doré, d'une excellente qualité qui explique et justifie son adoption qui a déjà eu lieu.

Série des semis de M. Besson, de Marseille.

Buchetet. Blanc, gros, rond ; fortes grappes ; peau épaisse, se dorant facilement, manquant un peu de sucre et un peu acide. Très beau fruit à maintenir à l'étude.

Chasselas Besson. Blanc, assez gros, fortes grappes ; peau assez fine ; pulpe fondante, charnue et juteuse, assez sucrée, manquant un peu de relevé. A maintenir à l'étude.

Clairette Mazel. Grains assez gros, ovoïdes, un peu croquants, juteux, sucrés, aromatisés, d'une apparence très attrayante et très bons au goût ; méritant d'être admis.

Hardy. Noir ou mieux violet foncé, très gros ; grains tendres, juteux, sucrés ; grappes ailées, de bon goût, un peu relevé, rappelant le Frankenthal ; assez favorablement jugé pour qu'on en propose l'adoption.

Michelin. Blanc, petit et moyen, rond, à fortes grappes ailées. Peau douce ; pulpe juteuse, sucrée ; grains jaune doré, transparents ; goût légèrement musqué, agréable. A maintenir encore à l'étude.

Muscat Talabot. Grains blancs, moyens, ovoïdes ; grappes longues, peu serrées, à grains assez dorés, à peau assez fine, sucrés, un peu musqués ; excellente qualité.

On proposera l'adoption sous la dénomination non de Muscat mais de *Musqué Talabot*.

Semis de M. Besson n° 420, nommé par lui *Raisin de la Rocheterie*, à fortes grappes, blanc gros, rond, se dorant bien.

Muscat à peau très dure, juteux. sucré, bon. En le recommandant, la Commission propose sa mise à l'étude.

N° 418. Petit Raisin noir, à petits grains, à fortes grappes, très serré, très sucré, de bon goût, relevé, musqué, agréable au g ût et qu'on dit fertile ; paraît propre à la cuve comme petit Raisin très serré. La culture en est recommandée à titre d'expérimentation.

N° 415. Rose un peu foncé; peau épaisse; juteux, sucré, acidulé. A éprouver par la culture comme Raisin de table. Grappes moyennes.

Raisin *Président Doumet*. N° 555. Noir, un peu oblong; grains assez gros ; grappe moyenne.

Peau ferme ; pulpe fondante, très juteuse ; bien sucré, acidulé, extrêmement fertile. Bon pour la table et la cuve ; à cultiver pour l'éprouver.

N° 410. Grappes petites ; grains petits, noirs, un peu oblongs; assez sucré; paraît plus propre à la cuve qu'à la table. A essayer par la culture.

Fruits mis à l'étude pour l'année prochaine et dont il n'avait pas encore été fait mention.

Il me reste à traiter une dernière série de fruits, celle que les dégustations détaillées ci-dessus ou la notoriété acquise a fait considérer comme étant de nature à entrer dans la Pomologie de la Société, après une étude suffisante ; en voici la liste :

PÊCHES

Alexis Lepère.
Clémence Isaure.
Michelin.
Nain Aubinel.
Précoce Alexandre.
Prince de Galles.
Sea Eagle.

POIRES.

Alexandrine Mas.
Beurré Amandé.
Bon Chrétien Frédéric Baudry.
Claude Blanchet.
Henri Courcelles.
Hippolyte Collette.
Louise-Bonne Sannier.
Madame Chandy.
Président Barrabé.
Souvenir de l'abbé Lefebvre.
Trésorier Lesacher.

POMMES.

Grosse caisse.
Reinette de Middelbourg.
Rouennaise hâtive.
Sturmer's Pippin.

PRUNES.

Reine Claude de Schwiller.

RAISINS.

Chasselas Jalabert.
De la Rocheterie.
Golden Hamburg.

Avant de terminer ses opérations, l'assemblée a émis deux vœux :

L'un qui a été transmis à M. le Ministre de l'Agriculture, et tendant à obtenir des adoucissements aux mesures restrictives et parfaitement inutiles, motivées par le Phylloxera, à la libre circulation des végétaux autres que la Vigne ; l'autre à M. le Ministre des Travaux publics, demandant qu'une large part soit faite aux arbres fruitiers dans les plantations bordant les routes.

Ce dernier vœu a été favorablement accueilli par M. le Ministre qui a daigné informer le Congrès de ses bonnes intentions.

Comme incident, la Société pomologique, Messieurs, d'après une dispostion toute spéciale de son règlement, ne se sépare pas sans laisser un témoignage de gratitude et d'encouragement aux personnes qui rendent des services signalés à la science qui fait l'objet de ses travaux ; elle exprime son suffrage par l'attribution d'une médaille d'or à la personne qu'elle a distinguée comme ayant rendu le plus de services à la Pomologie.

Le vote de cette année a désigné notre collègue M. Jamin (Ferdinand), dont le digne père avait reçu le premier cette haute récompense. Ce vote, Messieurs, honorable pour notre Société, n'a pas besoin de commentaire ; la modestie de mon collègue et ami m'interdirait toute observation élogieuse, et je dois me contenter de relater le fait, sachant combien M. Jamin est apprécié au milieu de nous comme pomologiste et arboriculteur, et pénétré de la sympathie qui lui est acquise dans le sein de cette Société pomologique qui, depuis plusieurs années, lui donne la mission de présider ses assises.

Je ne puis quitter cette grande ville horticole d'Orléans sans dire qu'elle a été très gracieusement hospitalière pour le Congrès pomologique, qu'elle a fêté dans un superbe banquet où étaient représentées les autorités de la ville.

485-82 — Paris. Imp. de l'Étoile, BOUDET, directeur, rue Cassette. 1.